W0182316

CUADERNO DE

Resolución de problemas y cálculo mental

12

sm

PRIMARIA

Dividir un número entre 2

Dividir un número entre 2 es calcular la mitad de ese número.

46 : 2 = 23

El número 23 es la mitad de 46 porque 23 + 23 = 46.

1 Escribe los resultados de estas operaciones.

10 : 2 = ...	28 : 2 = ...	42 : 2 = ...

20 : 2 = ...	44 : 2 = ...	84 : 2 = ...

30 : 2 = ...	56 : 2 = ...	78 : 2 = ...

2 Une cada división con su resultado.

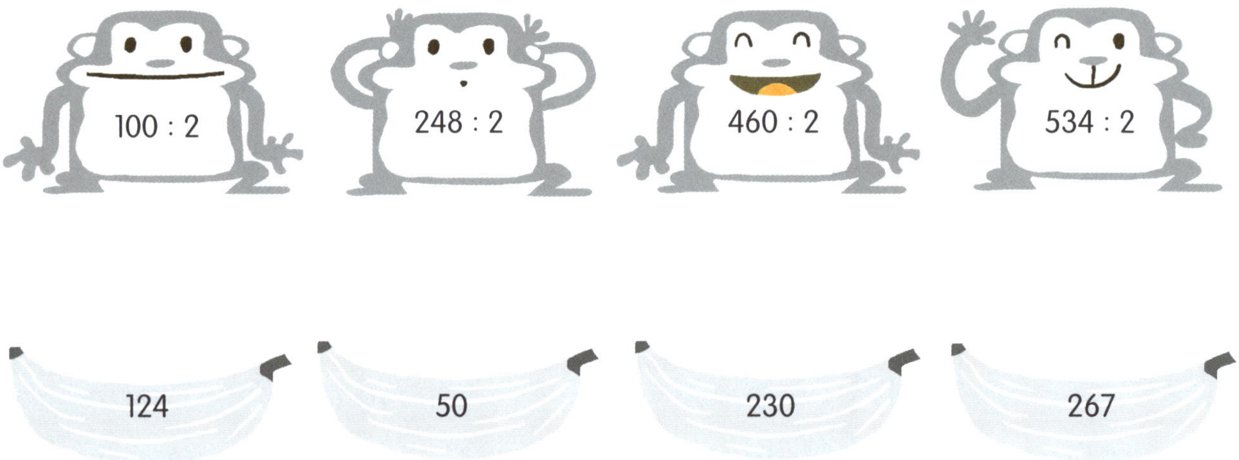

3 Marca con una **X** las divisiones que estén bien resueltas. Corrige las incorrectas.

- ☐ 10 : 2 = 20
- ☐ 82 : 2 = 41
- ☐ 42 : 2 = 21
- ☐ 56 : 2 = 23
- ☐ 340 : 2 = 120
- ☐ 248 : 2 = 124
- ☐ 624 : 2 = 312
- ☐ 716 : 2 = 358

4 Completa la tabla.

	246	280	8.442	4.624	1.262
: 2					

5 Resuelve estas operaciones y ordena de menor a mayor los resultados.

286 : 2 = 4.860 : 2 = 8.462 : 2 =

680 : 2 = 8.626 : 2 = 2.408 : 2 =

.... < .... < .... < .... < .... < ....

6 Completa estas series.

7 Escribe los números que faltan en estas igualdades.

.... : 2 = 88 .... : 2 = 280 .... : 2 = 3.250

.... : 2 = 90 .... : 2 = 840 .... : 2 = 4.000

Seleccionar datos de un dibujo

En algunos problemas la información necesaria para resolverlos está en el dibujo que les acompaña.

¿Cuántas figuras iguales a la del dibujo podemos formar con 200 palillos?

Datos

Tenemos 200 palillos.

La figura tiene 8 palillos.

Operación

```
200 | 8
     ----
 40   25
  0
```

Solución: Podemos formar 25 figuras.

1 Raúl pintó en una tela grande un montón de flores como las del dibujo. Si en total dibujó 335 pétalos, ¿cuántas flores pintó en total?

Datos

Operación

Solución: ______________________________

2 ¿Cuántos candelabros podemos encender con todas las velas que hay en la caja?

Datos

Operación

Solución: ______________________________

3 ¿Cuántas mantas podemos colocar en cada una de las 6 camas que hay en la casa?

Datos

Operación

Solución: ______________________________

4 Elsa repartió entre sus 3 amigos los cromos que tenía repetidos. ¿Cuántos cromos les tocó a cada uno?

Datos

Operación

Solución: ______________________________

5 Un repartidor tardó 45 minutos en distribuir los sobres del dibujo. Si empleó el mismo tiempo en repartir cada sobre, ¿cuántos minutos necesitó para cada entrega?

Datos

Operación

Solución: ______________________________

Organizar los datos en una tabla

A veces organizar los datos en una tabla nos ayuda a resolver mejor el problema.

Toni tiene 29 CD de música clásica, 34 de música rock, 31 de música disco y 32 de música pop. Si quiere colocar sus CD en grupos de 6, ¿cuántos grupos formará?

Tipo de música	Número de CD
Clásica	29
Rock	34
Disco	31
Pop	32
TOTAL	126

Datos

En total tiene 126 CD.

Los colocará en grupos de 6.

Operación

```
126 | 6
 06   21
  0
```

Solución: Toni formará 21 grupos de 6 CD.

1 Hamed recogió de su pequeño huerto 21 lechugas, 42 tomates y 15 berenjenas. Quiere repartir el mismo número de hortalizas entre tres personas. ¿Cuántas hortalizas les dará a cada una?

Hortaliza	Número de hortalizas
TOTAL	

Datos

Operación

Solución: ______________________

2 Luis distribuyó 115 revistas de cine, 90 revistas de informática, 75 de decoración y 60 revistas deportivas entre cinco quioscos. Si repartió el mismo número de revistas en cada quiosco, ¿cuántas llevó a cada uno?

Revista	Número de revistas
TOTAL	

Datos

Operación

Solución: ______________________

3 En un colegio recogieron 33 muñecos, 18 balones, 48 juegos de mesa y 84 puzles para repartirlos entre tres tómbolas en partes iguales. ¿Cuántos juguetes habrá en cada tómbola?

Juguete	Número de juguetes
TOTAL	

Datos

Operación

Solución: ____________________

4 El profesor de Martín corrigió 24 exámenes de lengua, 48 de matemáticas y 12 de inglés en tres horas. ¿Cuántos exámenes corrigió en una hora?

Examen	Número de exámenes
TOTAL	

Datos

Operación

Solución: ____________________

5 Gema compró 120 caramelos de fresa, 60 de menta y 243 de otros sabores. Los mezcló todos y los repartió en 9 bolsas en partes iguales. ¿Cuántos caramelos hay en cada bolsa?

Caramelos	Número de caramelos
TOTAL	

Datos

Operación

Solución: ____________________

Dividir un número entre 4

Dividir un número entre 4 es lo mismo que dividir dos veces ese número entre 2.

: 4

1 4 0 → (: 2) → **7 0** → (: 2) → **3 5**

140 : 4 = 35

1 Completa estas operaciones con sus resultados.

24 : 4	56 : 4	84 : 4
24 → (: 2) → ☐ → (: 2) → ☐ (: 4)	56 → (: 2) → ☐ → (: 2) → ☐ (: 4)	84 → (: 2) → ☐ → (: 2) → ☐ (: 4)

2 Une cada división con su resultado.

200 : 4

884 : 4

608 : 4

800 : 4

221

50

200

152

3 Marca con una **X** las divisiones que estén bien resueltas. Corrige las incorrectas.

☐ 80 : 4 = 20

☐ 164 : 4 = 41

☐ 212 : 4 = 52

☐ 168 : 4 = 42

☐ 500 : 4 = 125

☐ 700 : 4 = 150

☐ 680 : 4 = 170

☐ 808 : 4 = 202

4 Completa la tabla.

	600	2.800	4.008	8.404	368
: 4					

5 Resuelve estas operaciones y ordena de mayor a menor los resultados.

616 : 4 = 4.432 : 4 = 4.360 : 4 =

812 : 4 = 8.240 : 4 = 2.024 : 4 =

.... > .... > .... > .... > .... > ....

6 Completa esta serie.

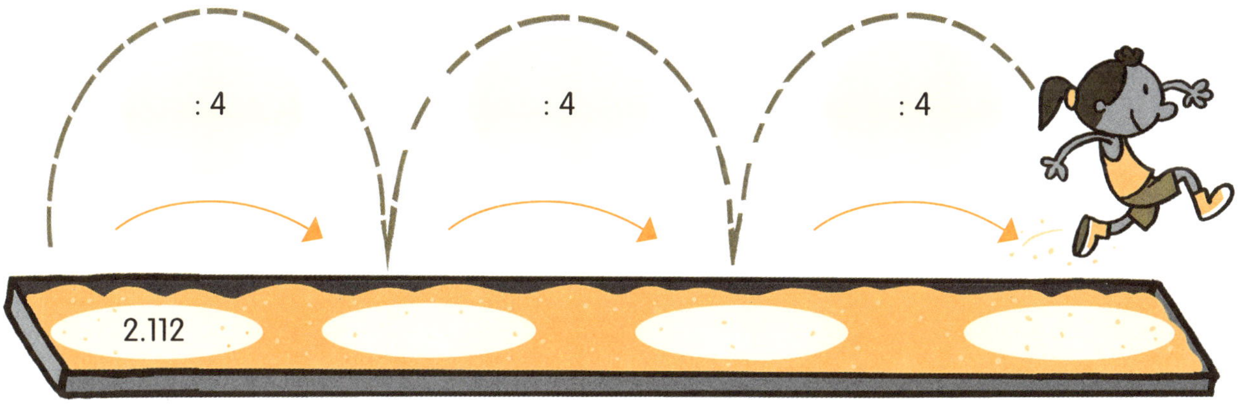

7 Aplica la prueba de la división y escribe en cada caso el dividendo que falta.

.... : 4 = 250

.... : 4 = 300

.... : 4 = 2.000

Aplicar etapas sucesivas

A veces tenemos que realizar dos operaciones para resolver un problema.

En la oficina de Correos hay 6 carteros que tienen que repartir 234 cartas en partes iguales. Emma tiene que repartir sus cartas entre 3 casas. ¿Cuántas cartas entrega Emma en cada casa?

Datos	Operaciones
Repartimos 234 cartas entre 6 carteros.	234 : 6 = 39
Emma reparte 39 cartas entre 3 casas.	39 : 3 = 13

Solución: Emma entrega 13 cartas en cada casa.

1 Javier es carpintero y gana 32 euros por cada silla que fabrica en su taller. El dinero que ganó con las últimas 8 sillas que fabricó lo repartió entre sus 4 sobrinos. ¿Cuántos euros ha repartido a cada uno de sus sobrinos?

Datos **Operaciones**

Solución: ____________________

2 Un escritor dona 4 euros por cada libro que vende para ayudar a países que lo necesitan. Si vende 2.350 ejemplares en la presentación de su nuevo libro y se reparten los donativos entre 2 organizaciones, ¿cuánto dinero recibirá cada una?

Datos **Operaciones**

Solución: ____________________

3 En una biblioteca hay 3.879 novelas, 1.323 libros de ciencia y 1.042 libros de historia. Si se distribuyen por igual en 4 estanterías, ¿cuántos libros hay en cada una?

Datos **Operaciones**

Solución: ______________________________

4 En el colegio de Berta hay 9 clases de 25 alumnos. Si la tercera parte de ellos va a salir de excursión, ¿cuántos alumnos irán?

Datos **Operaciones**

Solución: ______________________________

5 Samuel dividió 248 metros de cuerda en 4 partes iguales. Cada una de ellas las dividió en otras 2 partes iguales. ¿Cuántos metros medirá cada una de las cuerdas resultantes?

Datos **Operaciones**

Solución: ______________________________

Construir una serie

Para resolver algunos problemas es necesario resolver una serie.

En la recepción de un hotel hay 5 cajas donde se guardan las copias de las llaves de las habitaciones. En la primera caja hay 20 llaves y en cada una de las siguientes hay 20 más que en la anterior. ¿Cuántas llaves hay en total?

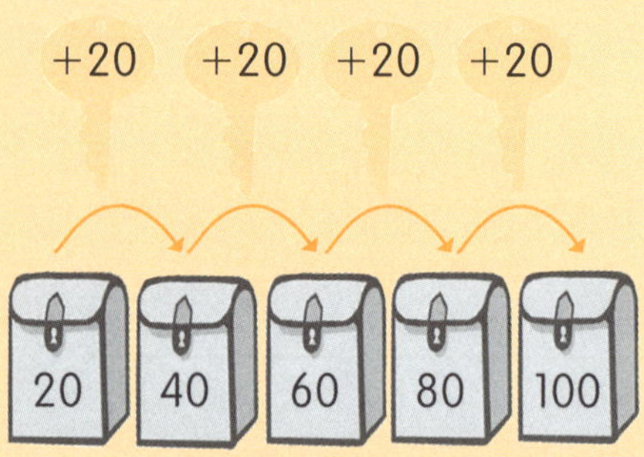

Datos

En la primera caja hay 20 llaves y hay 5 cajas en total.

En cada caja hay 20 llaves más que en la anterior.

Operación

$$\begin{array}{r} 20 \\ 40 \\ 60 \\ 80 \\ +\ 100 \\ \hline 300 \end{array}$$

Solución: Hay 300 llaves en total.

1 Elena tiene cuatro botes de clips de colores. En el primer bote tiene 125 clips, y en cada bote siguiente tiene 5 clips menos que en el anterior. ¿Cuántos clips tiene en total?

Datos **Operaciones**

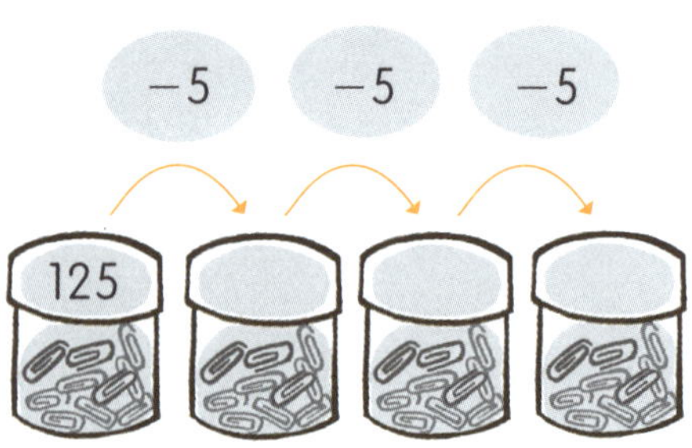

Solución: ______________________________

2 Un edificio tiene 4 pisos. En cada uno de los pisos viven 10 personas más que en el piso anterior. Si en el primer piso hay 65 personas, ¿cuántas personas hay en total en el edificio?

Datos **Operaciones**

Solución: ______________________________

3 Ángel construyó una figura con cubos de madera. En el primer piso colocó 11 cubos, en el segundo piso colocó 2 cubos menos y así hasta llegar al último piso que solo tiene 1 cubo. ¿Cuántos cubos necesitó en total para construir la figura?

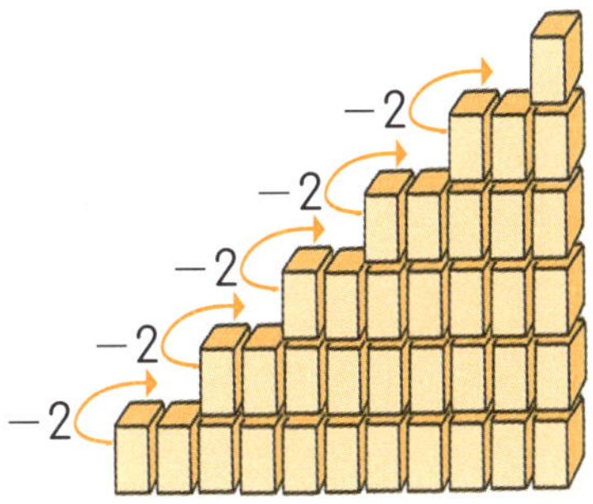

Datos

Operaciones

Solución: ______________________________

4 En la rifa de una feria reparten 7 premios. El primer premio es de 20 euros. El segundo consiste en el doble de euros que el primero, y así hasta el séptimo premio. ¿Cuántos euros se reparten en el séptimo premio?

Datos

Operaciones

Solución: ______________________________

5 Jaime preparó 6 tarjetas y escribió un número en cada una de ellas. En la primera tarjeta anotó el número 256. En la segunda, la mitad de este número, y así hasta completar las 6 tarjetas. ¿Qué número escribió en la sexta tarjeta?

Datos

Operaciones

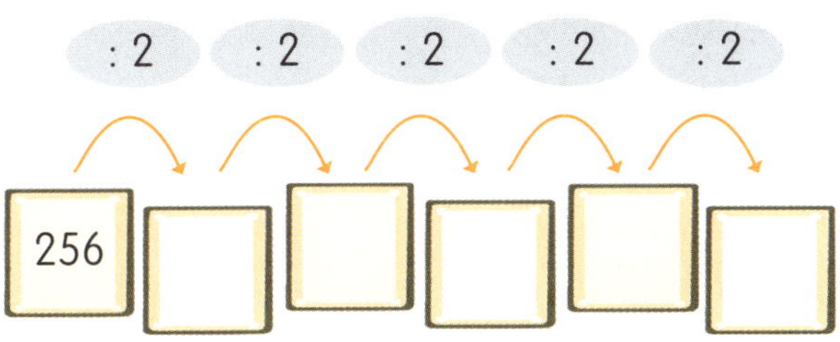

Solución: ______________________________

Multiplicar un número por 5

Para multiplicar mentalmente un número por 5, se multiplica ese número por 10 y el resultado se divide entre 2.

× 5

30 → (× 10) → 300 → (: 2) → 150

30 × 5 = 150

1 Observa el ejemplo y completa con los números que faltan.

× 5	× 10	: 2
15	150	75
28		
48		
71		

2 Escribe los resultados de estas operaciones.

10 × 5 = ...

40 × 5 = ...

130 × 5 = ...

25 × 5 = ...

82 × 5 = ...

220 × 5 = ...

3 Colorea del mismo color las operaciones que dan igual resultado.

100 × 5	300 × 5	450 × 5	700 × 5
1.000 : 2	4.500 : 2	7.000 : 2	3.000 : 2

4 Marca con una **X** las multiplicaciones que estén bien hechas. Corrige las incorrectas.

☐ 110 × 5 = 650	☐ 500 × 5 = 250
☐ 200 × 5 = 1.000	☐ 660 × 5 = 3.300
☐ 320 × 5 = 1.610	☐ 720 × 5 = 3.600
☐ 410 × 5 = 2.050	☐ 800 × 5 = 4.000

5 Une cada operación con su resultado.

6 Completa estas series.

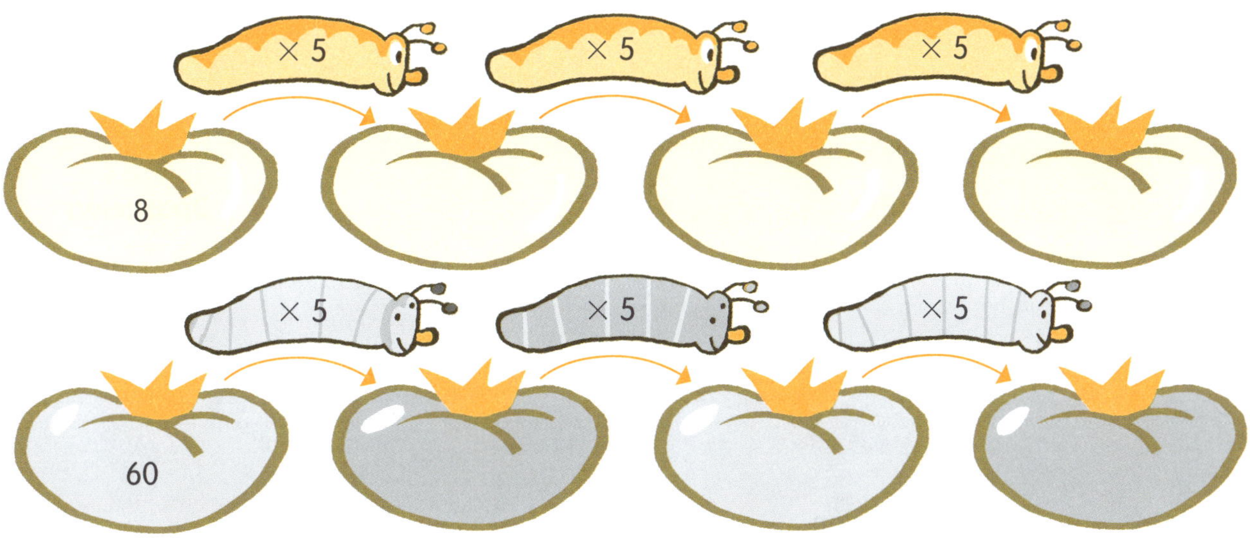

En un enunciado siempre hay algunas palabras que nos ayudan a elegir la operación que resuelve el problema.

Subraya las palabras del enunciado que te ayudan a identificar la operación que resuelve el problema. Después, encuentra la solución.

Un farmacéutico quiere repartir en partes iguales 120 frascos de vitaminas en 8 cajones. ¿Cuántos frascos de vitaminas colocará en cada cajón?

Repartir en partes iguales indica que tenemos que dividir.

Datos

Hay 120 frascos de vitaminas.

Los reparte entre 8 cajones.

Operación

120 : 8 = 15

Solución: El farmacéutico colocará 15 frascos en cada cajón.

1 Un carnicero recibe 175 kilos de carne de lunes a viernes. Si cada día recibe el mismo número de kilos, ¿cuántos kilos recibe diariamente?

Datos

Operación

Solución: ______________________

2 Una máquina empaquetadora de galletas envuelve 249 galletas en una hora. ¿Cuántas galletas empaquetará en 5 horas?

Datos

Operación

Solución: ______________________

3 Tania quiere repartir 72 kilos de abono en 4 sacos en partes iguales. ¿Cuántos kilos de abono pondrá en cada saco?

Datos **Operación**

Solución: ______________________

4 En un supermercado quieren repartir los botes de refresco para que haya 55 botes en cada una de las estanterías. Si hay 330 botes en total, ¿cuántas estanterías harán falta?

Datos **Operación**

Solución: ______________________

5 Elisa regaló 12 paquetes de 8 libros cada uno a la biblioteca de su barrio. ¿Cuántos libros ha regalado?

Datos **Operación**

Solución: ______________________

Identificar palabras para elegir la oper

Subraya las palabras del enunciado que nos ayudan a identificar la operación que resuelve el problema y después encuentra la solución.

1 Iñaki reparte 752 kilos de pescado en cajas de 8 kilos. ¿Cuántas cajas llenará en total Iñaki con pescado?

Datos **Operación**

Solución: ______________________

2 En un mercadillo venden una radio antigua por 95 euros y un lote de libros por 56 euros. ¿Cuál es la diferencia entre el precio de la radio y el precio del lote de libros?

Datos **Operación**

Solución: ______________________

3 En una zapatería hay 730 pares de zapatos colocados en estanterías y guardados en el almacén 987 pares más. ¿Cuántos pares de zapatos hay en total en la zapatería?

Datos **Operación**

Solución: ______________________

4 En la taquilla del cine vendieron entradas para la primera sesión de la tarde. Si recaudaron 785 euros y cada entrada costaba 5 euros, ¿cuántas entradas vendieron para la primera sesión?

Datos **Operación**

Solución: ______________________

5 Inma necesitó 57 ovillos de lana de tres colores diferentes para tejer una manta. Si utilizó el mismo número de ovillos de cada uno de los colores, ¿cuántos ovillos de cada color gastó?

Datos **Operación**

Solución: ______________________

6 En una competición de piragüismo participan 7 piraguas. Si en cada piragua hay 12 participantes, ¿cuántas personas participan en total en la competición?

Datos **Operación**

Solución: ______________________

Multiplicar un número por 50

Para multiplicar mentalmente un número por 50, se multiplica ese número por 100 y el resultado se divide entre 2.

18 —(× 100)→ 1.800 —(: 2)→ 900

18 —(× 50)→ 900

18 × 50 = 900

1 Multiplica por 50 los números que se indican en cada caso.

28 —(× 100)→ ☐ —(: 2)→ ☐ (× 50)

64 —(× 100)→ ☐ —(: 2)→ ☐ (× 50)

80 —(× 100)→ ☐ —(: 2)→ ☐ (× 50)

108 —(× 100)→ ☐ —(: 2)→ ☐ (× 50)

2 Resuelve estas operaciones.

20 × 50 = ... 50 × 50 = ... 200 × 50 = ...

35 × 50 = ... 64 × 50 = ... 440 × 50 = ...

3 Colorea cada casilla del color que indica el resultado.

320 × 50	402 × 50	500 × 50	720 × 50

20.100 → Rojo 36.000 → Verde 16.000 → Azul 25.000 → Amarillo

4 Marca con una **X** las operaciones correctas y corrige las incorrectas.

☐ 20 × 50 = 1.000	☐ 100 × 50 = 5.000
☐ 25 × 50 = 1.200	☐ 230 × 50 = 11.550
☐ 60 × 50 = 3.000	☐ 444 × 50 = 22.100
☐ 75 × 50 = 3.700	☐ 880 × 50 = 44.000

5 Une cada operación con el resultado que corresponda.

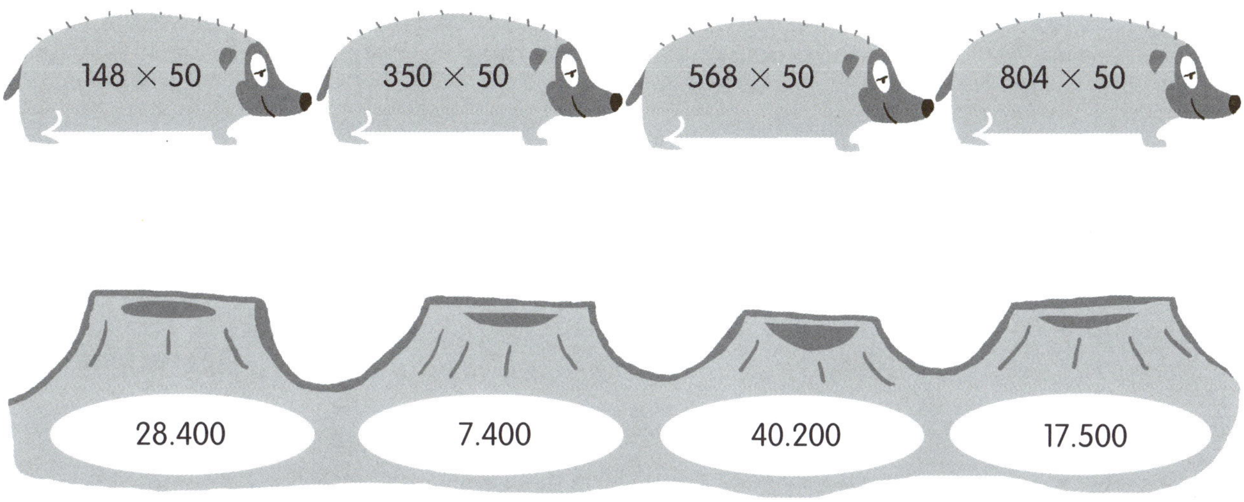

6 Completa estas series.

Utilizar las mismas unidades

Antes de realizar las operaciones que resuelven un problema tenemos que comprobar que todas las medidas estén en las mismas unidades.

Carmen tiene que cortar 2 metros de cuerda en 4 partes iguales. ¿Cuántos centímetros mide cada parte?

Datos **Operaciones**

La cuerda mide 2 metros.
Un metro son 100 centímetros. $2 \times 100 = 200$

La cuerda mide 200 centímetros.
Tiene que cortar la cuerda en 4 partes iguales. $200 : 4 = 50$

Solución: Cada parte mide 50 centímetros.

1 Sergio juntó los ahorros que tenía en sus dos huchas. En una tenía 24 euros y en la otra hucha tenía 15 euros. Si repartió sus ahorros entre sus 3 sobrinos, ¿cuántos céntimos les dio a cada uno?

Datos **Operaciones**

Solución: ____________________

2 En un vaso caben 25 centilitros de leche. ¿Cuántos vasos se pueden llenar con 1 litro de leche?

Datos **Operaciones**

Solución: ____________________

3 Martín quiere plantar geranios y tiene un saco de 15 kilos de tierra. Si en cada maceta caben 300 gramos de tierra, ¿cuántas macetas con geranios puede plantar?

Datos **Operaciones**

Solución: ____________________

4 Un tren mide 25.000 centímetros de largo. Si tiene una cabina y cuatro vagones de igual longitud, ¿cuántos metros mide cada vagón?

Datos **Operaciones**

Solución: ____________________

5 Raquel compró 7.000 centímetros de tela roja para hacer 10 vestidos iguales. ¿Cuántos metros de tela roja necesita para cada vestido?

Datos **Operaciones**

Solución: ____________________

Utilizar las mismas unidades

1 Para llenar una piscina de plástico se necesitan 50 litros de agua. Si Marcos llena la piscina con un cubo que tiene una capacidad de 500 centilitros, ¿cuántas veces utiliza el cubo para llenar la piscina?

Datos **Operaciones**

Solución: ______________________________

2 Silvia recorre 576 kilómetros en 3 tramos iguales. ¿Cuántos metros recorre en cada tramo?

Datos **Operaciones**

Solución: ______________________________

3 Un camión transporta una mercancía que pesa 1 tonelada repartida en 10 bidones. ¿Cuántos kilos pesa cada bidón?

Datos **Operaciones**

Solución: ______________________________

4 María tiene que repartir en el hospital 2 frascos de alcohol de 1 litro en vasos de 5 centilitros. ¿Cuántos vasos llenará con los dos frascos?

Datos

Operaciones

Solución: ______________________________

5 Paco recorre 5 kilómetros en bicicleta. A mitad de camino hace una parada para beber agua y reponer fuerzas. ¿Cuántos metros había recorrido cuando hace la parada para beber?

Datos

Operaciones

Solución: ______________________________

6 Carla sale del supermercado con 3 bolsas. En una de las bolsas, que pesa 3.300 gramos, lleva fruta. En otra, que pesa 1.700 gramos, lleva verdura. Y en la tercera, que pesa 3 kilos, lleva algunos paquetes de leche. ¿Cuántos kilos pesa la compra en total?

Datos

Operaciones

Solución: ______________________________

Multiplicar un número por 25

Para multiplicar mentalmente un número por 25, se multiplica ese número por 100 y el resultado se divide entre 4.

× 25

40 —(× 100)→ **4.000** —(: 4)→ **1.000**

40 × 25 = 1.000

1 Observa el ejemplo anterior y completa.

× 25

20 —(× 100)→ ☐ —(: 4)→ ☐

× 25

24 —(× 100)→ ☐ —(: 4)→ ☐

× 25

32 —(× 100)→ ☐ —(: 4)→ ☐

× 25

80 —(× 100)→ ☐ —(: 4)→ ☐

2 Escribe los resultados de estas multiplicaciones.

6 × 25 = ...	10 × 25 = ...	120 × 25 = ...
8 × 25 = ...	30 × 25 = ...	200 × 25 = ...

3 Escribe la letra correspondiente en el recuadro según el resultado de cada operación.

28 × 25	50 × 25	90 × 25	100 × 25
↓	↓	↓	↓
☐	☐	☐	☐
1.250: U	2.250: N	700: L	2.500: A

4 Completa la tabla.

	12	28	160	400	600
× 25					

5 Resuelve estas operaciones y ordena de menor a mayor los resultados.

40 × 25 = 88 × 25 = 800 × 25 =

30 × 25 = 140 × 25 = 1.000 × 25 =

.... < .... < .... < .... < .... < ....

6 Une cada operación con su resultado.

32 × 25	50 × 25	444 × 25	880 × 25
11.100	22.000	1.250	800

7 Completa esta serie.

Elegir datos de un enunciado

Algunos enunciados tienen más datos de los que necesitamos para resolver el problema.

Subraya los datos del enunciado necesarios para resolver el problema y encuentra la solución.

Un relojero arregló 6 relojes en 3 horas. Si cobró 276 euros en total, ¿cuánto cuesta la reparación de cada reloj?

Datos

Cobró 276 euros en total.

Arregló 6 relojes.

Operación

```
276 | 6
    +----
 36   46
  0
```

Solución: La reparación de cada reloj cuesta 46 euros.

1 Si en un cajón hay 198 calcetines y 35 corbatas, ¿cuántos pares de calcetines hay?

Datos

Operación

Solución: ______________________

2 En una pastelería quieren distribuir 168 bombones y 8 tarjetas de felicitación en 8 cajas iguales. ¿Cuántos bombones se repartirán en cada caja?

Datos

Operación

Solución: ______________________

3 En la tienda de Antonio enmarcan láminas con 4 listones de madera y 8 grapas por cada lámina. Si en una semana utilizaron 856 listones de madera, ¿cuántas láminas enmarcaron en esa semana?

Datos **Operación**

Solución: ____________________

4 Marina construyó 25 maquetas de castillos y utilizó 5 tubos de pegamento. Si cada maqueta contenía 1.000 piezas, ¿cuántas piezas utilizó en total?

Datos **Operación**

Solución: ____________________

5 En una finca hay plantados 936 naranjos y 72 limoneros. Si hay 9 naranjos en cada una de las filas, ¿cuántas filas de naranjos hay en la finca?

Datos **Operación**

Solución: ____________________

Algunas veces podemos redondear los datos de un problema para operar con mayor facilidad y resolverlo con rapidez.

Eduardo quiere repartir los 1.214 tornillos que tiene en su ferretería en cuatro cajas. Calcula cuántos tornillos debe poner en cada caja, redondeando el número de tornillos a la centena más próxima.

Datos

1.214 tornillos son casi 1.200 tornillos.

Se reparten en 4 cajas iguales.

Operación

1. 2 0 0 : 4 = 3 0 0

Solución: Eduardo reparte aproximadamente 300 tornillos en cada caja.

1 Un granjero tiene que repartir 268 huevos de gallina en paquetes de 6 huevos. ¿Cuántos paquetes llenará aproximadamente? Redondea el número de huevos a la decena más próxima.

Datos

Operaciones

Solución: ______________________________

2 Para pintar 3 edificios iguales se necesitan 11.958 euros. ¿Cuánto cuesta pintar un edificio aproximadamente? Redondea el número de euros al millar más próximo.

Datos

Operaciones

Solución: ______________________________

3 Si al exprimir 9 naranjas obtenemos un litro de zumo, ¿cuántos litros de zumo obtendremos aproximadamente con 908 naranjas? Redondea el número de naranjas a la centena más próxima.

Datos

Operaciones

Solución: ______________________________

4 De una estación salen 8 autobuses por la mañana. Si hay 476 pasajeros, ¿cuántas personas viajarán aproximadamente en cada autobús? Redondea el número de pasajeros a la decena más próxima.

Datos

Operaciones

Solución: ______________________________

5 Un paquete de 6 cintas de vídeo cuesta 35 euros y 80 céntimos. ¿Cuánto cuesta una cinta de vídeo aproximadamente? Redondea el precio en euros.

Datos

Operaciones

Solución: ______________________________

Proyecto didáctico
Equipo de Educación Primaria de Ediciones SM

Autoría
José María Aliaño Tejero
Francisco Javier Bellido Peña
Francisco Javier Galán Mayolín
José Luis Pérez Bravo

Revisión pedagógica y coordinación editorial
Nuria Corredera

Coordinación técnica
Ana Carvajal

Ilustración
Maximiliano Luchini

Diseño
Diana López

Maquetación
Lucía Gómez

Dirección editorial
Mayte Ortiz

ISBN: 978-84-675-0033-2 / Depósito legal: M-25.245-2007
Huertas Industrias Gráficas, S. A. - Fuenlabrada (Madrid)
Impreso en España - *Printed in Spain*